李敬伯 编著

红葡萄酒的家庭酿制与养生

Wine & life

中国农业大学出版社
·北京·

图书在版编目(CIP)数据

红葡萄酒的家庭酿制与养生/李敬伯编著．—北京：中国农业大学出版社，2010.09
ISBN 978-7-5655-0027-5

Ⅰ.①红… Ⅱ.①李… Ⅲ.①葡萄酒-酿造 ②葡萄酒-养生(中医)
Ⅳ.①TS262.6 ②R247.1

中国版本图书馆CIP数据核字(2010)第105795号

书　　名　红葡萄酒的家庭酿制与养生
作　　者　李敬伯　编著

策　　划	张　蕊　高　欣	**责任编辑**	张苏明
装帧设计	创意天使设计公司	**责任校对**	王晓凤　陈　莹
出版发行	中国农业大学出版社		
社　　址	北京市海淀区圆明园西路2号	**邮政编码**	100193
电　　话	发行部 010-62818525,8625	**读者服务部**	010-62732336
	编辑部 010-62732617,2618	**出　版　部**	010-62733440
网　　址	http://www.cau.edu.cn/caup	**E-mail**	cbsszs@cau.edu.cn
经　　销	新华书店		
印　　刷	涿州市星河印刷有限公司		
版　　次	2010年9月第1版　2013年3月第3次印刷		
规　　格	880×1 230　24开本　3印张　78千字　光盘1张		
印　　数	8 001～11 000		
定　　价	19.00元(附赠DVD光盘)		

前言

我国幅员辽阔，物产丰富，大江南北、黄河两岸，特别是新疆地区，盛产各类葡萄，不但味美可口，而且富含各种营养素。祖国医学论证：葡萄有补肾、壮腰、益血、降压、养胃、养颜之功效。每年夏、秋季葡萄鲜果大量上市，可是在一般家庭日常生活中，一年到头吃到新鲜葡萄也并非易事。怎样才能常年受益于葡萄的保健功能呢？通过自制葡萄酒，每天适量饮用，就可以达到这个目的。

通过多年实践，结合现代科学知识，参照前人的传统经验，经反复试验，我摸索出一整套家庭自酿红葡萄酒的操作方法并积累了丰富的经验。酿制出来的葡萄酒不仅酒质高尚，口感特别好，营养价值高，是市场上的同类红葡萄酒所不能比拟的，而且造价低廉，成本仅是市场销售价的1/4或更低，可以说是真正的价廉物美。

最近两年，许多同事、邻居、朋友以及经营水果的商家、素不相识的路人，甚至旅游途中结识的伙伴，都不断向我咨询家庭自制红葡萄酒的“秘方”，通过实践，他们中有很多人已酿制出品质很好的葡萄酒了。一传十，十传百，不断有人向我求索相关资料，因此，我就有了将自己多年积累的经验和一整套操作技术总结成册的构想。

在本书编写过程中，得到苏州大学医学博士、主任医师李文教授及东北师范大学王作先教授、射阳医学会副主任中药师储农先生的指导和帮助，射阳医院周志东副主任技师、胡明主任、王家伟主任、林霞副主任技师、茅锦飞主管技师帮助检测葡萄酒中的各项生化指标数据、进行细菌培养及无菌试验，在此一并表示衷心的感谢。

我乐于利用业余时间探索研究红葡萄酒的酿造技术，历经十多年积累了一些经验，以一己之见为自酿酒爱好者抛砖引玉，为传播科学保健知识和朋友们的健康长寿尽微薄之力，这正是我的心愿所在，书中如有不妥之处，敬请有识之士拨冗赐教。

李敬伯　2010年6月于射阳海滨

红葡萄酒的

家庭酿制与养生

目录

Wine & life

红葡萄酒的

家庭酿制与养生

详细目录

概述

我国民间很早就有家庭酿酒的工艺。据古书记载，最古老的方法就是用“钵”来酿酒的。酿制葡萄酒的历史至少可以追溯到两千多年以前，“葡萄美酒夜光杯”给人们以无限的遐想。由于多方面的原因，有关家庭酿制葡萄酒的文字记载不多，因而我国家庭酿制葡萄酒的还不够普遍。在西方特别是法国、意大利等欧洲国家，自酿果酒早已成为一种时尚而流行于民间，在中产阶级家庭尤为风行。

近十多年来，随着生活水平的不断提高和科学保健知识的普及，强身健体，防病于未然，已被大家所共识，把红葡萄酒作为“健康最佳饮品”的概念已深入人心。悄然兴起的家庭酿制红葡萄酒，正可谓是应时应运而生，这是十分可喜的现象。“亲自酿造、动手动脑、简单易行、成本低廉、美味可口、醇香绵甜、保健强身、防治疾患、陶冶情操、净化心灵、休闲养生、其乐无穷”，这是笔者对自制红葡萄酒的亲身体会。

新鲜成熟的紫葡萄经无氧酵解和发酵，不但保留了原有的各种营养成分，而且增加了许多营养素。如原葡萄鲜果中所含氨基酸只有19种，而经发酵后酿出的红葡萄酒中含氨基酸22种（见表4）。另外葡萄酒中还有许多营养物质，如有机化合物和微量元素等，在此特别要提到的就是白藜芦醇（resveratrol）、栎皮黄素、花色素等化合物，它们对癌细胞的形成和发育能起到抑制作用，可以使实验鼠的乳腺癌肿块缩小。这个发现曾震动了科学界，为预防和治疗癌症带来了福音。青霉素发明者、诺贝尔医学生理学奖得主亚历山大·弗莱明说过：“青霉素可以治病，葡萄酒可以防病。”发酵之父、法国科学家巴斯德说过：“葡萄酒是最健康、最卫生的饮料。”在日常生活中每天饮用适量的红葡萄酒，不但可以强身健体，而且可以防治多种疾病，真是一举多得。

对于未接触过酿酒的人来说，自己制酒好像是不太容易的事。实际证明，您只要看一看本书介绍的操作方法和图解说明及附赠DVD光盘，准备一些简单的家常用具，就可以酿制出很好的葡萄酒。

每年8~9月份是葡萄鲜果大量上市的季节，也是酿制红葡萄酒的最佳季节和最适宜的时机，环境温度最适宜酿制葡萄酒。

至于成本，最近几年紫葡萄批发价每千克2.4~3.2元，加上白糖200克，约0.9元，可以酿制出800克酒。也就是说，自酿1千克红葡萄酒的成本，仅为人民币4元多钱，比市场上红葡萄酒价格便宜许多，而且酒的质量上乘，质地纯真，口感好。自酿的酒不加任何辅料和防腐剂，是绝对环保的绿色饮品。它的原料就是紫葡萄加白糖，而且在酿造过程中可以根据自己的爱好和需要，调整酒精度和酸甜度。

如果是高血糖、高血脂而不能吃含糖食品的人，可以不加糖或少加糖，让果汁中的葡萄糖和果糖在发酵过程中完全转化或绝大部分转化成酒精和二氧化碳及水，酿制成不含糖的干红葡萄酒（详见文中论述）。我们不加糖酿制的红葡萄酒，经实验室生化分析仪测定验证，每1000毫升酒中仅含有0.109克的糖，用普通试纸法检测为“阴性”，含糖量极微，糖尿病人饮用不会有什么副作用的。有关科学资料报道，对那些临床治疗后血糖仍顽固不降的病人，饮用无糖干红葡萄酒，还可以帮助血糖下降和病情好转。

一、基本原理

家庭自酿红葡萄酒是在适宜环境温度下，利用葡萄本身固有酵母，将果汁中的糖分及人工加入的蔗糖或葡萄糖，经酒精发酵转化为酒精和水及二氧化碳等产物，再经过陈酿、澄清过程中酯化、氧化、沉淀等作用，使之成为溶液澄清、鲜艳美观、醇和芳香的果酒佳品。

酿酒的全过程经历酒精发酵和陈酿两个阶段，在这两个阶段中，发生着不同的生物化学反应，对酒的质量起着不同的作用。

1．红葡萄酒发酵过程中的生物化学变化

（1）酒精发酵

这是酿酒过程中的主要生物化学变化，是果汁中的己糖、葡萄糖以及蔗糖，经酵母细胞的作用，生成酒精和二氧化碳等的过程。酵母细胞含有多酶类，如转化酶能使蔗糖水解成葡萄糖和果糖；酒精酶能使己糖分解成乙醇和二氧化碳；蛋白酶能使蛋白质分解成氨基酸；氧化酶促使酒质陈酿，并使单宁、色素和胶体物质沉淀；还原酶能使某些物质与氢作用起到还原作用，尤其是与含硫物质作用生成硫化氢而释放。

（2）酒精发酵过程中的其它产物

果汁经酵母细胞的酒精发酵作用，除生成乙醇和二氧化碳外，还产生少量甘油、琥珀酸、醋酸和芳香成分及杂醇油等，这些物质都有利于提高果酒的品质。

2. 红葡萄酒在陈酿过程中的变化

4

刚发酵出的新酒浑浊不清、味不醇和、缺乏芳香、口感不适，暂不宜饮用，必须经过一段时间的陈酿，使酒中的不良物质消除和减少，同时生成新的芳香物质。陈酿期的变化主要有以下两个方面：

（1）酯化作用

果酒中的醇类与酸类化合生成酯，如醋酸和乙醇化合生成芳香型的醋酸乙酯，醋酸与戊醇化合生成果香型的醋酸戊酯。

（2）氧化还原与沉淀作用

果酒中的单宁、色素等物质经氧化而沉淀，醋酸和醛等经氧化而减少，糖苷在酸性溶液中逐渐结晶下沉，以及有机盐、果屑细小颗粒等下沉，也都是在陈酿过程中完成的，因此，经过陈酿，果酒的苦涩味减少，酒质进一步澄清而醇和。笔者把自酿的红葡萄酒放入4~8℃冰箱中保存，发现瓶底或瓶壁有粉红色结晶沉淀，就是以上所说的氧化还原和

沉淀作用，从而让酒的品质更好，口感更佳。

3．发酵方式

按照酵母细胞来源不同，发酵方式可分为自然发酵和人工发酵。

（1）自然发酵

不用人工接种酵母细胞，利用果皮上固有的野生酵母菌，在适宜环境温度下发酵的，称自然发酵（笔者酿制红葡萄酒即是自然发酵）。按照发酵容器密闭与否，可分为开放式发酵和密闭式发酵两种。开放式发酵存在诸多弊端，已基本淘汰；密闭式发酵有利于酿制色、香、味俱全又清洁卫生的优质果酒。

（2）人工发酵

人工发酵是将果汁与糖的混合液接种人工培养的优质酵母菌进行发酵。人工发酵在接种酵母菌之前必须对混合的果汁液进行杀菌处理。常用的杀菌方式是巴氏灭菌法，就是将果汁液加热至60~65℃，保持30分钟。果汁液经过灭菌后即可接种配制好的酵母液。在温度不适宜主要是气温下降、室温偏低的情况下，如果采用自然发酵的方法不能启动果汁液的发酵，也就是在果汁加糖混合封闭24~36小时仍观察不到发酵的现象时，可以加适量的人工培养的酵母菌来帮助和启动发酵。

4．发酵原理

葡萄酒是指以鲜葡萄或葡萄汁为原料、经全部完成酒精发酵酿制而成的、含有一定酒精度的发酵酒。葡萄酒的酒精度不得低于7%（V/V，即体积分数）。

（1）糖的无氧酵解

糖在有氧条件下氧化，在无氧条件下则发生酵解。酵母菌作用葡萄糖生醇发酵（酿酒）的过程和糖在人体组织中经无氧分解生成乳酸的过程基本相似，因此称为糖酵解。糖酵解和生醇发酵都可将葡萄糖氧化分解成丙酮酸，唯糖酵解时丙酮酸直接还原成乳酸，而生醇发酵（酿酒发酵）时丙酮酸先脱羧形成乙醛，然后还原成乙醇（酒精）。为便于理解，归纳如下式：

$$\text{葡萄糖} \xrightarrow{-2(2H)} 2\,\text{丙酮酸} \xrightarrow[-CO_2]{+2(2H)} 2\,\text{乙醛} \xrightarrow{-2(2H)} \text{乙醇（生醇发酵）}$$

自然界中从低等的微生物直到人类体内都有糖酵解存在，说明它是生物进化中古老的代谢方式。当地球上刚有生物的时候，大气中还缺乏氧，生物就靠糖酵解在无氧条件下生成的ATP（医用名叫“三磷酸腺苷”）作为能量来维持生命活动。

（2）家庭酿制红葡萄酒的发酵机制

酿酒者的主要工作就是为葡萄原汁的生醇发酵创造最适宜的环境和条件，使其顺利地将糖转化为酒精和二氧化碳。葡萄糖酵解的化学反应式举例如下：

$$\underset{\text{葡萄糖}}{C_6H_{12}O_6} \longrightarrow \underset{\text{酒精}}{2C_2H_5OH} + \underset{\text{二氧化碳}}{2CO_2\uparrow}$$

笔者根据自酿酒的经验，在酿造红葡萄酒的过程中，除葡萄和白糖以外，不加任何酵母或添加剂等，而是由源自葡萄皮上粉霜状物内固有的天然葡萄酵母细胞（亦称野酵母菌），在酵母酿酶作用下经过糖酵解的作用，将葡萄糖、果糖、蔗糖转化为酒精、二氧化碳和水，就可酿成这种神奇的饮品——红葡萄酒。在制作过程中，必须认真记录时间、温度、重量、发酵情况等数据，以便发现问题及时纠正和总结经验。

5．影响发酵的因素

实践证明，酿造红葡萄酒的最佳环境温度为25~30℃，发酵桶的混合液内实测温度不能超过32℃，必须严格观察，确保发酵正常。

（1）温度

要为酵母菌的繁殖生长活动创造最佳温度环境，室内温度在25~30℃时为最佳。当炎热的夏季室内温度升高至32℃以上时，发酵桶内因正处发酵高峰，如果桶内液体温度超过32℃，则酒精易于挥发，影响酵母细胞的生长活动，必须置于阴凉处把发酵桶敞开搅拌1~2分钟，或用电风扇吹几分钟，使之温度下降后再封盖发酵桶。但时间不能过长，防止空气污染。可以购买一支玻璃温度计（百度表）来测定发酵桶内液体的温度。室内温度低于23℃时则对发酵不利。必要时采取保温措施。总之，温度是发酵成败的关键。

（2）糖分

要选择成熟的含糖量高的优质紫葡萄。如葡萄含糖量低或加糖量不足，则酵母菌缺乏足够营养而发酵不良。可以在装桶发酵开始后2~3天，根据实际情况再加入适量的糖（加糖计算法见后文），以提高酒精度，酒精度越高，越不利于杂菌的发生，而有利于葡萄酒的贮存。

（3）环境

家庭酿酒也有失败的可能，其原因是多方面的，最关键的是清洁、卫生、消毒、灭菌。酿酒用的瓶、缸、坛等容器，必须清洗干净，置阳光下晒2小时以上；所使用的器具，如搅拌勺、胶管、漏斗、纱布、盛酒的瓶等用具，以及直接操作者的双手、室内外（阳台）环境，都要注意清洁卫生或消毒。同时要严防外来物（果蝇、昆虫等）的侵袭。这里说明一点，在酿酒发酵的后期及处理酒糟过程中，会产生许多小飞虫，这是葡萄酒及酒糟（渣）本身产生的无害的微小生物，对葡萄酒和酒糟无任何不良影响，不影响葡萄酒的饮用和健康。

二、基本技术

1．发酵后酒精度的预测

大家知道，水的相对密度（比重）为1.000，是测量其它溶液相对密度的参考值。如果水中含糖（在水中溶解糖之后）则密度就会变大，浮力增加，相对密度计读数升高，所以在自酿酒的过程中，把密度计称作“测糖计”也是可以的。自制葡萄酒的酒精就是由糖转化而来的，因此测定葡萄汁中糖的含量，就可估计发酵后的酒精度。

全葡萄混合液系指将葡萄粒破碎以后葡萄汁连皮带核在一起的混合液体，其密度略大于纯葡萄汁。例如，纯葡萄汁的相对密度是1.048，而全葡萄混合液的相对密度在1.050~1.052之间。全葡萄混合液再加入20%的食用白糖溶解后混合物的相对密度在1.130~1.140之间。这说明溶液中内容物愈多，其相对密度就愈大。在1升全葡萄混合液中加入200克食用白糖（按20%常规加糖量），测量相对密度计读数与含糖量及酒精度（体积分数）预估值的对应关系，详见表1。

表1　相对密度计读数与含糖量及酒精度（体积分数）预估值的对应关系

相对密度计读数	含糖量（克/升）	酒精度预估值(%)	相对密度计读数	含糖量（克/升）	酒精度预估值(%)
1.010	27.0	0.8	1.075	193	9.8
1.015	39.5	1.4	1.080	206	10.4
1.020	52.0	2.0	1.085	218	11.1
1.025	65.0	2.6	1.090	230	12.0
1.030	78.0	3.2	1.095	244	12.5
1.035	90.5	3.8	1.100	258	13.2
1.040	103	4.6	1.105	270	13.9
1.045	115	5.5	1.110	282	14.4
1.050	128	6.3	1.115	295	15.0
1.055	141	7.2	1.120	308	15.6
1.060	154	7.7	1.125	320	16.2
1.065	167	8.4	1.130	332	16.8
1.070	180	9.1	1.135	345	17.5

2．相对密度计的使用方法

相对密度计是由一头安装重物的空心玻璃管和一截标有尺度的玻璃柱组成的（见图解部分图13，下同）。测试时使其浮于果汁液或葡萄酒液中，读其数字。要注意的是，必须将密度计浮于液体中间，不能靠在容器边壁上。读数前，用手轻轻转动一下密度计，待其稳定后再读数字，并保持视线与液面平行，否则读出的数字不够准确（图14）。

根据初始读数和期望达到的酒精度，查表1可以算出糖的需要量。例如，果汁液的初始读数为1.050，由表1中可以查出，该果汁中的含糖量为128克/升，发酵结束酒精度约为6.3%。若想发酵结束后酒精度达到16.2%左右，那么从表1中可以查出，果汁液中的含糖量应为320克/升，除去已经有的128克/升，还需添加糖192克/升。以上测算的数据显示，我们按20%的常规加糖量，在1000克葡萄中加入200克糖，与以上数据基本相吻合。可以采取少量多次添加法，边加边测，恰到好处即可。

在发酵过程中，酵母菌不断地将糖转化为酒精和二氧化碳，糖的含量逐渐下降，因为酒精的密度小于水的密度，相对密度计读数也随之降低。因此，葡萄酒中酒精度为多少，可以直接用初始和最终相对密度计读数计算出来。计算公式如下：

$$\text{酒精度（\%）} = \frac{1000\times（\text{初始读数}-\text{最终读数}）}{7.36}$$

例如，初始读数1.110，最终读数0.990，用上述公式计算，则酒精度大约为16.3%（体积分数）。上述公式只有在15℃室温下才是准确的，如果室温高于或低于15℃，则读数应根据室温的高低加以修正。表2是不同室温时的修正值。

表2 不同温度下相对密度计读数修正值

温度(℃)	修正值
10	−0.000 6
15	不需加修正
20	+0.000 9
25	+0.002 0
30	+0.003 4
35	+0.005 0
40	+0.006 8

例如，在25℃时读得的相对密度计读数1.092，那么加了修正值后的正确读数就应为1.092+0.002＝1.094。

3．酸度的控制

严格地讲，要准确地掌握酸含量，需要用精密仪器或化学滴定法测定，因为这些方法不是仪器昂贵就是方法复杂，还需一定设备，这里不作介绍。对于家庭自制葡萄酒，用试纸法测定酒液的pH值（酸碱度），即可达到目的，酿制出好酒来。感觉太酸时，可以加少量碳酸钙以降低酸度。为防止加量过头，可以每次加3~5克，边加边试，一般pH测试结果在3.5~4.5之间较为理想。

4．倒桶（瓶）技术

倒桶（又称倒瓶）就是用塑胶软管采用虹吸方法将酒从发酵桶（瓶）转移到另一容器内（图16），其目的就是通过倒桶将发酵过程中或陈酿过程中的沉淀物剔除，让酒液逐步达到澄清而透明，酒液在转移过程中不过分暴露于空气中。如果直接从一个桶内往另一个桶内倒，就会引入很多空气，增加受污染的机会。如果不经过倒桶，沉淀物在桶底滞留时间过久，就会使酒液带上死酵母（菌）味或其它怪味，降低酒的品质和口感。因此倒桶技术在酿酒的全过程中非常重要，不可省却。

在发酵初期，酒液呈明显混浊状态，但随着发酵的继续，悬浮物（包括酵母细胞）会逐步沉入桶底而形成沉淀层，而浮在上面的果皮会形成较紧的厚厚的一层块状物。随着虹吸，桶内的酒液逐渐减少，浮在上面的葡萄皮形成的块状层逐步下沉，形成半固体状的酒糟（渣），可装入纱布（或尼龙）袋中，挤压出酒液。如果将酒糟（渣）进行再发酵（因为弃掉可惜），则可参照后面介绍“酒糟的利用”一节中的方法处理。虹吸法既简单又实用，具体做法是：将软管一头插入发酵桶内酒液中，用嘴（或橡皮吸球）吸另一头，并迅速将吸出酒液的一头插入另一容器中，酒液会流入。注意：容器要比发酵桶的位置低（如图16所示）。虹吸结束后，封闭盛酒的容器避光保存，让其进入自然的后期微发酵，酒液会进一步澄清，经一个月左右酒液会清澈透明，桶底又有新的沉淀物形成，这时必须再倒桶，剔除沉淀物。据笔者多年酿制红葡萄酒的经验，大约在每年的国庆节前后就可以酿出新鲜的葡萄酒，从第一次虹吸取酒开始，以后每隔1个月左右的时间都要倒桶一次，至少要倒桶三次。如果不倒桶会影响酒的品质和口感，次年夏季当室温上升至30℃以上时，酒会发生混浊现象。所以倒桶是一件非常重要的工作。

5．澄清方法

由于酿酒过程中引起酒液混浊不清的因素很多，一旦发生混浊不清的现象，就需要用人工方法进行沉淀净化，主要有以下几种方法。

①膨润土法　按5升酒加5克膨润土的量，先将膨润土加入半杯温水（35℃左右）中，用力搅拌几分钟，使其完全溶化，然后倒入酒液中，再把酒液混匀。静置3~4周，倒桶去除沉淀物后，即可装瓶保存。

②加胶沉淀法　在酒液中加入亲水性胶体物质，如明胶蛋白、鱼胶、琼脂等，使之与酒液中的悬浮物相互吸附而沉淀。一般每1升酒液加明胶10克、单宁8克，静置15~20天，即可形成沉淀。或用鸡蛋清1个、单宁20克，静置2~3周；或用鱼胶2~3克或琼脂20~30克，静置2~3周后倒桶，即可得到较透明的酒液。

③过滤或离心沉淀法　用各式压滤机或高速离心机将酒液通过高速滤过或高速离心沉淀把酒迅速澄清。

6.酿酒过程中发生不良情况的预防及解决办法

①酒花病　这是一种好气性（需氧菌）微生物引起的，在酒精度低、空气充足、温度适宜（24~26℃）时，这种微生物繁殖很快。发酵桶如暴露在空气中时间过长，则易遭受此种细菌的污染，先在表面生成白色小点，随之逐渐扩散成薄膜，进而增厚、变硬、起皱，振动后破碎下沉，使酒液混浊、酒味变质。

预防办法是：室内要清洁卫生，容器（发酵桶、瓶等）必须密封、加盖，尽量少开启；或在液面上层加一层液体石蜡隔绝空气；或冲入二氧化碳或二氧化硫气体；或在表层面上维持一层高浓度酒精。若已发生酒花病，则可用漏斗或虹吸管插入酒液中，加注同类酒，使酒花溢出。严重者需过滤去除酒花，然后加热至65~70℃杀菌10分钟，或者使用“消毒灭菌机”冲氧30分钟，以达到消毒灭菌的目的。

②酸败病　当酿酒液被好气性醋酸菌感染后，会在酒液表面上生成一层浅灰色的薄膜，薄膜逐渐变暗、起皱，使酒精氧化成醋。预防方法同“酒花病”。

③霉味　使用生过霉而没有清洗干净和严格消毒的容器，或者没有剔除霉烂原料，会使酒

液产生霉味。预防方法是：严格清洁消毒，不使用霉烂变质的（包括掉枝的葡萄）原料。如已发生霉味，用活性炭处理后过滤能减轻霉味。

④ 苦味　由种子或果梗中的糖甙带入的苦味，可以加糖甙酶分解而预防；提高酸分使其结晶、过滤也可大大减轻苦味。如果苦味由苦味菌产生，可以加胶处理，或用新鲜的酒脚按酒量的3%~5%加入，混匀，沉淀分离，也可以除去苦味。

⑤ 变色或浑浊　主要是由于酒液中的铁含量过高，与单宁、磷酸盐等生成有色物质，或由于酒液中酒石酸含量过高，遇钾离子、钙离子生成浑浊沉淀。预防办法是：不能使用铁器、铜器或铝器。一旦发生浑浊，可低温处理后过滤，或用离子交换树脂除去。

⑥ 酿酒开始后却迟迟不发酵　首先检查室内温度是否低于23℃，最佳室温是28℃±2℃。正常应在糖与葡萄混合后24小时开始发酵，如果在24～36小时仍观察不到发酵现象，可以添加新酵母来启动发酵。办法是：取一杯葡萄酒，倒入已盛三杯水的玻璃容器内，然后加一杯温水，将5克新酵母（市售“甜酒药”）或葡萄酒酵母菌倒入此液中，在30℃左右的室温下静置1小时，搅拌后加入发酵桶内，封好盖，在最佳温度环境中让其发酵。笔者实验：在酿制葡萄酒的发酵高峰时，就是开始发酵的5～7天时（这时候酵母繁殖特别旺盛且数量也多），将正在发酵的葡萄皮或沉淀在发酵桶底部的糊状沉淀物取出一瓶（大约几百克），存放在4℃左右的冰箱内，可以作启动发酵之用。可以当年使用，也可以下一年用，效果比较好。加入的量随意，多少都不会影响酿酒效果，只是影响启动发酵的快慢而已。如果在新的一年开始酿酒，加一些上年留下来的葡萄酒沉渣液，有助于较快启动发酵。如果加入当年上一批发酵桶内已发酵的葡萄皮渣混合物1～2勺，则使发酵在10小时左右即开始。这就像我们过年蒸馒头发面一样，有了“发面头”（酵母）就可帮助启动发酵了。

⑦ 酿出的酒沉淀不清，仍有混浊现象　有多种原因可导致这种现象，如果胶、蛋白质等。对于果胶，可以加一定量的果胶酶，方法是每1升酒液用5克果胶酶，先将果胶酶溶于一杯温水中，静置4~5小时后倒入酒液中，混匀后让其自然澄清。如果是蛋白质或其它原因造成混浊，则可以加膨润土，用量是每1升酒液1克膨润土，用10倍的温水溶解，10分钟后加入混浊的葡萄酒中，以加速蛋白沉淀。还有一种简易方法：将鸡蛋（1升酒用1个鸡蛋）磕一小孔，把蛋清倒入大碗，用筷子将蛋清打散并用力搅拌10分钟左右，让满碗全是蛋清泡沫之后倒入酒液中并充分

搅拌，静置2周，即可得到晶莹剔透的葡萄酒。

⑧ 酒里有酵母菌的味道　最有可能的原因是没有及时倒桶（瓶），以至容器底部沉淀的死酵母菌的味道侵入到酒液中。解决方法就是按时倒桶，保存清澈的葡萄酒。

⑨ 酒酿出来不香、不甜、平淡如水　最大可能是葡萄的单宁含量不足，或糖量加得不合适。如果是前者，可以在发酵后期加些苹果皮或者加几杯浓茶，以增加单宁含量。如糖量不足，可采取少量多次加糖的办法，品尝后感觉适度即可。

三、基本原料

1. 葡萄鲜果

家庭酿制红葡萄酒的主要原料是新鲜而成熟的紫葡萄，因为葡萄汁里含有酿造优质果酒所需的元素和可供酵母细胞生长繁殖的最佳条件。葡萄品种繁多，适应性强，产量高，分布地域广，有许多品种是酿酒的好原料。

葡萄在植物学分类中属葡萄科葡萄属，其浆果可食用，也可酿酒、制饮料、做食品的增补剂等。葡萄是一种古老的栽培果树，已遍布欧洲、亚洲和北美大陆。据考古资料，最早栽培葡萄的地区是小亚细亚里海和黑海之间及其南岸地区。大约在7 000年以前，南高加索、中亚细亚、叙利亚、伊拉克等地区也开始了葡萄的栽培，在埃及的古墓中所发现的大量珍贵文物（特别是浮雕）清楚地描绘了当时古埃及人栽培、采收葡萄和酿造葡萄酒的情景，距今已有6 000年的历史。

我国葡萄栽培历史悠久，是葡萄属植物重要起源地之一，在世界葡萄属植物中有40余种起源于中国。

（1）葡萄主要种类

①欧亚种群　栽培历史有5 000年以上，栽培品种有3 000多个，广泛分布于世界各地，其产量占世界葡萄总产量的90%以上。

②东亚种群　栽培品种有30多个，分布在中国、朝鲜、韩国、日本、俄罗斯等。大多数属野生状态，主要用于嫁接和作为育种材料，少量可用于酿酒，其中有10多种起源于中国。

③美洲种群　主要为美洲葡萄，有20多个品种，仅有少数可以栽培利用。

（2）葡萄主要品种

现在全世界有葡萄品种8 000多个，真正被栽培利用的大概有3 000多种，有无核（籽）葡萄和有核（籽）葡萄之分；果色有红、黄、绿、白、紫（黑）等，其中紫红色葡萄浆汁丰盛，含糖量高，营养丰富，价廉物美，是家庭酿酒的最理想原料。葡萄生长期为110~170天，因品种而异。供人们生食的较好品种有莎巴珍珠、红旗特早玫瑰、郑州早红、京秀、紫珍香和巨峰系列等百余种。其中巨峰葡萄果穗大，粒重10克左右，穗重达500~600克，出汁率75%，含糖量15%~17%，果皮紫红（黑）色，酸甜可口，为家庭酿酒之佳品。适合家庭酿酒的葡萄品

种很多，详见表3，供选用时参考。

表3 适合家庭酿酒的葡萄品种

品种名	颜色	出汁率(%)	含糖量(%)	含酸量(%)	品质概况
巨　峰	紫红(黑)	72～75	15～17	0.5	草莓香味，酒呈宝石红色，醇香香甜，口感佳
龙　眼	紫红	70～75	15～18	0.5～0.8	品质上等，酒品极佳，酒体丰实，回味长
京　优	紫红	75	14～19	0.5～0.7	草莓香味，酒玫瑰红色，香甜、口感好，为巨峰群中的佳品
香　悦	红紫	76	16～18	0.4	桂花香味，品质优于“巨峰”，为酿酒佳品
巨玫瑰	蓝紫红	70～75	17～22	0.5～0.6	玫瑰香味，酒质纯正，品质优于“巨峰”
赤霞珠	红色	75	16～20	0.5～0.6	典型清香，酒宝石红色，酒质好，口感佳
梅鹿辄	紫黑	75	17	0.6	出汁率高，酸甜可口，酒紫红色，酒体丰腴
蛇龙珠	紫黑	75	17	0.46	香气浓郁，酒体丰腴
品丽珠	紫黑	70	19	0.7	甜，出汁率高，酒深紫红色，口感厚实
黑比诺	紫黑	70～75	18～20	0.7～0.8	酸甜可口，出汁率高，酒深紫红色，佳品

家庭酿制葡萄酒一般将果汁、果皮和果核一并发酵。果皮外有薄薄一层白色粉状果霜，这层果霜可使葡萄皮不受潮湿，并保留住发酵时所需的葡萄本身固有的酵母细胞（野酵母菌）、葡萄本身的香气、色素、细腻的单宁。葡萄汁占主要部分，由水、糖、酸等多种物质构成。葡萄核含单宁、油质和酚类化合物，有防病治病、保健美容的功效，研究潜力巨大。葡萄成熟后，其果粒中的多种化合物进行充分演化，所以必须选择最佳时机采摘，以保证酿出最优质的葡萄酒。

（3）葡萄鲜果中的主要营养成分

① 糖分　葡萄鲜果中含有葡萄糖和果糖。根据品种不同而含糖量不等，一般在12%~15%之间，较好的有16%~19%，优良品种可达20%~22%。

② 维生素　葡萄中含有多种维生素，每100克浆果中含维生素A 80~100国际单位，维生素C 10~12.5毫克，还含有维生素B_1、维生素B_2、维生素B_6、维生素B_{12}、维生素P、维生素E等。

③ 氨基酸　葡萄中含有20余种氨基酸（参见表4），其中人体必需氨基酸有8种，这是其他任何水果都无法相比的，所以人们把葡萄鲜果誉为"天然氨基酸"食品。

④ 矿物质　新鲜葡萄中含有丰富的矿物质及微量元素，含量为0.3%~0.5%，其中硒、钙、铁等微量元素可直接被人体吸收利用。

2. 新鲜葡萄汁或浓缩葡萄汁

葡萄汁是葡萄果粒的主要成分，用它来酿酒十分方便，但缺点是成本高，不适合大众化，而且葡萄皮和籽不能参与发酵，浪费了宝贵的营养成分，用葡萄汁酿酒在西方欧美国家应用较多。浓缩葡萄汁具有不受季节限制、保存期长、运输方便等优点。法国、意大利、澳大利亚等国家都出口浓缩葡萄汁，其中澳大利亚生产的浓缩葡萄汁品质最好，且配套供应，整套材料买回家就可以酿制葡萄酒了，而且酿出的酒仍能保持新鲜葡萄所具有的一切特征。因此，新鲜葡萄汁也是酿酒爱好者较理想的选择之一。

3．糖

酿酒中糖的用量是一个关键因素，太多、太少都不利于酵母菌的生长和繁殖，同时也会影响酒的品质。糖太多比太少更棘手，因为糖太多时酵母菌在发酵过程中不能将大部分糖消耗掉，剩余的糖使酒过甜，不但酒口感不好，也不利于身体的保健。所以，一般原则是不管酿什么酒，开始时都按干型酒的标准用糖。本书中设计的加糖量为20%，即100千克葡萄果粒加20千克白糖，酿出来的酒口感好，根据实验测定成品酒的最高含糖量为10.72克/升，也就是每100毫升（二两酒）中仅含糖1.072克，可称为半干红葡萄酒。一般常用的是食用白糖如白砂糖或绵白糖，主要成分为蔗糖，使用白砂糖经济实惠又方便省事。大量存在于各种甜水果中的葡萄糖是酿酒最理想的发酵糖，在酵母酿酶的作用下，葡萄糖直接转化为酒精和二氧化碳。葡萄糖的口感甜度只有食用糖的一半，在规模酿酒中应用很广泛。

4．酵母菌（酵母细胞）

理想的酵母菌应该具有较大的温度承受范围，有较强的酒精承受能力，不产生怪味，同时在发酵结束时能很快在容器底部沉淀而使酒变得清澈。现代酿酒技术已经不再依赖于自然界中的野酵母菌，而是使用实验室培养出来的优质酵母菌。市场上有多种多样的酿酒酵母菌，应根据需要而选用，一般使用“通用”的酵母菌就可以了。笔者多年来一直坚持不使用人工酵母菌，让天然的葡萄本身固有的酵母细胞充分发挥作用，酿出天然的绿色饮品。酵母菌生存的临界温度范围为-2~43℃，适宜的生存温度是15~17℃。生存和生长繁殖——发酵，是两个不同的概念。葡萄汁和糖混合后最初24小时，在适宜温度下，为酵母菌的所谓生长繁殖期，在这期间酵母菌开始不断进行生长和分裂繁殖。当单位体积溶液的酵母菌个数达到一定数量时才进入“发酵期”，即是将糖转化为酒精和二氧化碳的过程。生长繁殖期的最初24小时室内温度最好在25℃以上，不要低于25℃，否则会推迟、延长发酵期。

四、葡萄酒的主要分类

我国是一个古老而又年轻的葡萄酒生产国。20世纪末，中美两国联合考古发现：约在7 000多年前，中国中原地区就有葡萄酒的存在。新华社1996年6月6日报道，考古学家在伊朗北部挖掘的一个罐子证明，人类在距今7 000年以前就已饮用葡萄酒了。比以前考古发现提前2 000年。葡萄酒文化是人类文明的结晶，它为人类提供了一种神奇而浪漫的饮料，也为人类社会的生存和发展提供了幸福的源泉。

资料显示，我国2002年的葡萄酒消费量超过40万吨，将成为葡萄酒消费增长最快的地区，预计到2010年我国葡萄酒的消费量将超过100万吨。这个数字还不包括民间家庭自酿葡萄酒在内。我国将成为葡萄酒生产和消费大国。近几年来，根据媒体和质检部门报告，市场上销售的各类葡萄酒中，相当一部分不能算真正意义上的“葡萄酒”。2007年2月5日《扬子晚报》（江苏南京）A4版刊登《水加酒精兑出葡萄酒》一文，是对河南省XX县的调查报告，据中央电视台《每周质量报告》公布，这个县一些厂家生产的“葡萄酒”就是

酒精+糖精+香精+水 = “葡萄酒”——〔三精一水〕

消费者看了触目惊心，怎么花了十几块钱买一瓶酒，吃了还损害我们的健康?

国家规定：凡不是由全葡萄或葡萄汁经过发酵而酿制的葡萄酒产品，一律不得称为葡萄酒而上市销售。现将国内通常对葡萄酒的分类法介绍于下，供大家参考。

1．按葡萄酒颜色分

① 红葡萄酒　是选用紫红（黑）色果皮、青色果肉或皮肉皆红色的新鲜葡萄经发酵酿制而成的，酒液中含有果皮或果肉中的色素，成为以玫瑰红为主色调的葡萄酒，所以称为红葡萄酒。

②白葡萄酒　用青皮青肉或红皮青肉的葡萄，经去皮后发酵酿制的酒，这类酒的颜色以黄色调为主。

③桃红葡萄酒　用带色葡萄，部分浸出有色物质后经发酵而酿制的酒，它的颜色介于红葡萄酒与白葡萄酒之间。

2.按葡萄酒的含糖量分

①干酒　葡萄中的糖分几乎全部在发酵过程中转化掉，每升葡萄酒中含糖量低于4克，如干红葡萄酒、干白葡萄酒，饮用时尝不出甜味，而酸味明显或无味。

②半干酒　（或称半干红葡萄酒）是指含糖量为4~12克/升的葡萄酒，口感甘甜，有爽顺感，酒味醇厚，口感极佳。本书介绍的自酿红葡萄酒，经实验室生化分析仪测定知，含糖量最高值为10.72克/升，平均值为5.895克/升，可以算是半干红葡萄酒。

③半甜酒　含糖量为12~50克/升，饮用时有甜味。

④甜酒　含糖量大于50克/升，饮用时有明显甜味。全世界红葡萄酒的品种多达几百种，算得上一流品种的有：法国的赤霞珠、梅洛、黑皮诺等。

五、红葡萄酒的防病保健功用

1.红葡萄酒中的主要营养物质

由紫红色葡萄鲜果粒经发酵而制成的红葡萄酒，不但保留了葡萄中原有的营养物质，而且在发酵过程中经酵母酶的作用，在适宜温度下又形成了许多新的化合物，还可以把葡萄籽中所含有的栎皮黄素等物质高度浓缩于葡萄酒中。我们在酿制红葡萄酒时，必须把果皮和籽（最好设法把葡萄籽粉碎后）一起放入发酵桶内发酵，因葡萄籽中含有葡萄籽油及酚类化合物——白藜芦醇等珍贵的营养成分。果梗中的单宁含量很高，必须弃掉，否则会影响酒的品质。发酵后果皮中的色素溶入酒液，使酒液呈玫瑰红色，美丽而高贵。经科学家研究测试证实，有500多种化合物存在于红葡萄酒中，它的成分很复杂。家庭酿制的红葡萄酒中，除酒精和水分外（水分占80%~90%，为葡萄本身含有的，酿制过程中不加入一滴水)，还含有糖、蛋白质、人体必需氨基酸、无机盐、微量元素、有机酸、醇类、酚类、果胶及多种维生素等，这些物质都是人体生长发育所需要的，每升红葡萄酒中含氨基酸0.3~0.6克，其中有人体不能合成的8种必需氨基酸，这些氨基酸的含量与人体血液中必需氨基酸的含量非常接近，真正是生命的源泉。因此葡萄酒营养价值和医用价值很高。

现将红葡萄酒中的主要营养物质介绍如下。

① 糖类　笔者将自酿的红葡萄酒分批送实验室，经全自动生化分析仪检测，结果如下：按常规20%加糖酿制的每升酒中平均含有葡萄糖5.895克，不加糖酿制的每升酒中仅含葡萄糖0.109克（用普通试纸法测定为“阴性”）。本次测定的结果与英国《医学研究》报告的每升干红葡萄酒仅余0.2~0.5克糖分的结果相近，因此，笔者可把不加糖而酿制出来的葡萄酒称为“自制干红葡萄酒”。这里特别请大家注意的是在操作中必须严格注意清洁、卫生、消毒，严防污染，因为葡萄汁是天然“培养基”，发酵过程中产生酒精少，抑菌和杀菌能力较弱，细菌、霉菌极易生长繁殖，有可能导致酿酒失败或酒质不好。只有认真细致才能酿出好酒来。

② 有机酸　每升酒中含酒石酸2~7克、苹果酸0.1~0.8克、琥珀酸0.2~0.9克、柠檬酸0.1~0.75克等，这些酸类是维持人体内酸碱平衡的重要物质，还有帮助消化的作用。

③ 无机矿物质元素　红葡萄酒可为人们提供各种必需的矿物质元素。我们自酿的红葡萄酒中，每升中含钙0.0776克、磷0.08克、钾0.534克、钠1.035克、氯1.065克以及铁、碘、氟、铜、镁、钴、锰等数十种微量元素。此外每升酒中还含有氯化钾0.45~1.35克、氧化镁0.1~0.25克、五氧化二磷0.4~0.9克。不加糖而酿制的干红酒中含钙量为0.0596克/升，略低于前者。葡萄酒中所含的葡萄糖和钙可直接被人体组织吸收而利用。

④ 含氮物质　每升酒中含总蛋白1克左右；氨基酸0.3~0.6克，为人体所必需。资料显示，在新鲜葡萄中只含有19种氨基酸，而经过发酵酿制成功的红葡萄酒中，则增加了鸟氨酸、谷酰胺等6种氨基酸，见表4。因此，饮用红葡萄酒比吃葡萄鲜果得到的氨基酸还要多些。

表4　红葡萄酒和葡萄果汁中氨基酸含量对照（毫克/升）

名　称	含　量		名　称	含　量	
	红葡萄酒	葡萄果汁		红葡萄酒	葡萄果汁
☆苏氨酸	1~382	44~258	天门冬氨酸	1~107	2~54
☆异亮氨酸	2~57	7~8	半胱氨酸	1~2	
☆色氨酸	0~15	0.6~2.8	胱氨酸	9~66	19.2
☆缬氨酸	1~101	6~39	谷氨酸	1~390	173~447
☆亮氨酸	9~198	19~30	组氨酸	4~150	4~24
☆蛋氨酸	2~44	1~8.2	羟基脯氨酸	1~4	
☆赖氨酸	1~248	10~16	鸟氨酸	1~10	
☆苯丙氨酸	3~199	5~32	脯氨酸	1~3 400	85~266
2-氨基丁酸	2~90		丝氨酸	1~355	59~69
精氨酸	3~151	327~684	酪氨酸	1~120	12~14
天门冬酰氨	1~2		谷酰胺	1~390	
甘氨酸		22~30	甲硫氨酸		12.03
丙氨酸	1~247	501.6			

数据引自朱林、林克强《华东园艺》（北京：新华出版社，1995），小数点后有取舍。

☆ 人体必需氨基酸。

⑤ 维生素　每升红葡萄酒中，含硫胺素8～8.6毫克、核黄素0.086毫克、尼克酸0.65～2.10毫克、维生素B_6 0.6～0.8毫克、叶酸0.4～0.45微克、维生素B_{12}12～15毫克，肌醇含量也较多。

⑥ 化合物　随着科学研究的迅速发展，世界各国科学家研究发现，在紫红色葡萄鲜果及其酿制的红葡萄酒中，可提取出多种化合物，如白藜芦醇（resveratrol）（化学名为3，4′，5－三羟基芪）、原花青素B二聚体、栎皮黄素、肌醇等等。这些物质有的具有很好的抗菌和抗氧化作用；有的能明显地抑制肿瘤细胞的形成和生长，对防治癌症有明显的效果；有的能抗血小板聚集，防止血栓形成，降低血黏度；有的可以起到抗氧化作用。总之，红葡萄酒中所含的营养成分十分丰富，它是我们生活中每天不可缺少的最佳佐餐饮料。

2．红葡萄酒的医学价值和防病保健功用

医学研究发现，人的心脑血管疾病发生的早迟是与人的生命期限成比例的。因此，首先要保有一颗年轻健康的心脏，再加上有良好状态的血管系统，这是延年益寿必备的重要条件之一。有关研究认为，人从30岁左右开始，身体各个器官功能开始逐步衰退。如果没有良好的饮食习惯和生活习惯以及良好的心态，有可能接踵而来的便是高血脂、高血压、高血糖、心脏病，也就是人们共知的“三高一病”。

（1）降脂、降压及调节血糖作用

① 降脂作用　红葡萄酒中含有较多的花色苷、原花青素、单宁等酚类化合物，这些物质可明显地扩张血管和增强血管的弹性。它们可以使高密度脂蛋白（HDL）增加，HDL是保护心脏的“好胆固醇”；另一方面，它们能减少有害的低密度脂蛋白（LDL），这种“坏胆固

醇”LDL对心肌梗死的形成起助长作用。同时这些物质还能降低血液中的甘油三酯（TG）的含量，减少血小板聚集，降低血黏度，使血栓不易形成，从而减轻和防止动脉粥样硬化，预防高血压和冠心病。法国人喜欢吃肉食、黄油等高胆固醇食物，巧克力也不比美国人少吃，但法国人却是世界上人均寿命最长的国家之一，死于心脑血管疾病的人比美国、英国都少一半。为了防止脂肪过剩，法国人宠爱红葡萄酒，每天总要喝上一两杯。法国喝葡萄酒的人数比美国多10倍，这或许是法国人保持良好体态、减少患病的绝招吧！法国葡萄酒不管在质量上或数量上都位居世界前列，他们在特定的条件下采用特酿的工艺技术和特种的葡萄酿制生产出来的并贮存多年的特高级葡萄酒，还作为国礼赠送给国际友人。

② 降压作用　常喝红葡萄酒可降低血压。上面已经讲到红葡萄酒含有多种化合物，可以软化血管，增加血管弹性和通透性，防止和延缓血管硬化，从而起到降低血压的作用。《扬子晚报》曾报道：镇江市句容县文体局一位同志患高血压病，低压120 mmHg，高压230 mmHg左右，服药后一直不见血压下降，仍超过正常人血压数值。后来经人介绍，每天坚持喝一杯红葡萄酒，降压药继续按常量服用，经一段时间再去测量血压，低压在80~90 mmHg；高压在120~130 mmHg之间，而且一直稳定在正常范围，半年后也没有反跳，这说明红葡萄酒起了一定作用。笔者本人于2003年前后血压不正常，低压88~92 mmHg，高压138~158 mmHg，服了降压药后，血压基本维持在正常范围以内。过了两年多时间，发现血压逐步偏低，停药后经体检确定低压维持在70~82 mmHg，高压116~128 mmHg，以后不再服降压药，甩掉了高血压包袱，全身轻松，至今血压都在正常数值范围，体质也非常健康。当然，合理饮食，良好心态，坚持适当活动，定期体检是必不可少的。据多方资料显示，长期坚持饮用红葡萄酒有明显的降压作用。

③ 调节血糖作用　最近英国有一项医学研究结论表明，由葡萄鲜果经发酵而酿制出来的酒，每升仅含有糖11.06克。我们连续三年按常规加糖酿制的红葡萄酒经实验室全自动分析仪检测结果表明，每升含糖最多10.72克，而不加糖酿制的酒每升仅含糖0.109克。这些检测结果说明，酿酒前加糖的多少，决定酿出来的酒中含糖量的多少。我们认为自酿红葡萄酒对人体不会产生任何副作用，绝对不会因为喝红葡萄酒而发胖或使血糖升高。

有关资料报道：含少量酒精的红葡萄酒，可以提高胰岛素敏感性，胰岛素是调节血糖的，它会把血糖从血液中排出而送进组织细胞利用。笔者曾了解饮用干红葡萄酒的高血糖病人，他们的血糖都有不同程度的下降。长期坚持适量饮用红葡萄酒可以帮助一部分顽固性高血糖病人把血糖降下来。

（2）抗氧化剂与抗氧化作用

①抗氧化剂　就是抗氧化物质，它能将自身的电子提供给氧基（自由基），使其电势平衡以“循规蹈矩”，防止氧基从周围的细胞夺取电子，从而能中断氧化的连锁反应，保护健康细胞免遭侵害。人体内抗氧化物质主要来源于我们每天摄取的各种食物，科学家从葡萄、花生、大豆等多种植物中发现多酚类抗氧化物包括白藜芦醇、原花青素、栎皮黄素、黄烷醇、异黄酮、姜黄素、黄酮、单宁等。维生素类抗氧化物包括维生素C、维生素E、维生素B_2、维生素B_6、维生素B_{12}、胡萝卜素、叶酸、尼克酸等，抗氧化微量元素包括钙、硒、铜、磷、锌、镁等。以上所列抗氧化物质，在红葡萄酒中含有大部分，而且许多品种含量较多而独有。因此，人们在日常生活饮食中，最好不要缺少红葡萄酒。

科学家研究认为，人体健康状况和寿命长短与体内抗氧化剂的多寡息息相关。随着年龄增长，身体制造抗氧化剂的能力递减，体内抗氧化酶的活性降低，人体抵御自由基（氧基）侵害的能力下降。所以必须从各方面注意摄取各类营养物质，为保护身体健康创造更好的条件。白藜芦醇在葡萄酒中含量依葡萄酒的酒种、葡萄品种、产地等存在很大差异，就其总量而言，红葡萄酒＞白葡萄酒＞加强葡萄酒。它在葡萄果粒中的含量主要分布在果皮中，其次为果核中，人们早已知道“吃葡萄　吐葡萄皮”。

我国生产的优质红葡萄酒中白藜芦醇的含量在16.7~46.3毫克/升之间。白藜芦醇（3，4'，5－三羟基芪）分子式$C_{14}H_{12}O_3$，相对分子质量228.25，是葡萄中一种重要的植物抗毒素，它以游离态和与糖苷结合态两种形式存在，均具有较强的抗氧化效能。它可以阻止LDL氧化，因而具有潜在的防血管疾病、防细胞癌变、抗病毒及免疫调节作用。

②抗氧化作用　白藜芦醇、栎皮黄素、花青素、单宁等化合物，都具有清除活性氧（自由基）的强大功能。葡萄酒专家陈庄指出：葡萄酒中的有益物质白藜芦醇、单宁和花青素等，主要来源于葡萄皮。

Maxwell等于1949年测试红葡萄酒在人体血液中的抗氧化能力，发现喝下红葡萄酒后抗氧化活性就开始上升，90分钟后达到最佳状态，抗氧化活性平均上升15%。日本科学家1995—1996年，对43种葡萄酒的活性氧消除功能进行联合研究，取得了肯定的结果。葡萄酒中的水杨酸、苯甲酸都属于抗氧化物，没食子酸、儿茶酚、花青素、二羟基苯甲酸等都能与活性氧基团起还原作用而将其消除。

（3）抗菌、抗癌作用

① 抗菌作用　红葡萄酒中含有13%~15%的酒精，对细菌、病毒等微生物有明显的杀伤和抑制作用，经稀释100倍，还可以抑制细菌的生长繁殖。科学研究证实：葡萄受到葡霜霉菌侵染后，果皮表面离坏死果实较近但没有受到侵染的部位，其中白藜芦醇含量很高，能有效地抑制坏死区的扩展。这说明白藜芦醇有较强的抗菌作用。

② 抗癌、抗诱变作用　在数百种人类常食用的植物中，科学家发现许多食物中含有白藜芦醇等酚类化合物。白藜芦醇的抗癌性能是最好的，可防止正常细胞变异（癌变）。将白

藜芦醇加到人工培养的人类白血病细胞中，结果发现这些癌细胞丧失了复制的能力。如用白藜芦醇喂食患乳腺癌的实验鼠，可使乳腺癌肿块缩小，而没有喂食白藜芦醇实验鼠的癌肿块则逐渐长大（2006年上海《新民晚报》曾报道此项科学实验，并配有实验鼠的照片）。

1997年1月，美国芝加哥伊利诺斯大学药学院John Pezzuto教授领导的研究小组，在《科学》杂志上发表题为《葡萄的天然产物白藜芦醇的抗癌活性》的论文，引起科学界的轰动。论文证实：白藜芦醇能有效抑制与癌症各过程相关的细胞活动，也就是说，在癌症发生的起始、增进、扩展（散）三个阶段，白藜芦醇都有防癌活性，并对癌症发生和发展的全过程有明显的抑制作用。论文还指出，在葡萄、花生、桑葚等72种植物中发现有白藜芦醇，其中以紫葡萄中含量最多。检验证实，红葡萄酒中白藜芦醇的含量在16.7~46.3毫克/升之间，远远高于葡萄中的含量。因为葡萄果实通过“酒精发酵”及苹果酸－乳酸发酵后，果皮及果核中白藜芦醇进入葡萄酒中。

我国北京大学夏开元教授研究认为：白藜芦醇在未去皮的紫红色葡萄及其酿制的酒中含量最高。白藜芦醇本身是一种防止葡萄免受真菌侵袭的抗氧化剂，还可以抑制人体内的一种NF-Kappab（肿瘤生长因子）癌症基因，因为这种基因可减慢人体对癌细胞的免疫活动，令癌细胞不易被根除。澳大利亚医学研究院曾宣布，在一定限度内饮用红葡萄酒，可以降低妇女患卵巢癌的概率，预防乳腺癌，防治退行性疾病如老化、白内障、免疫障碍，减少蛀牙等。大量病理研究资料证明，这些主要是红葡萄酒中的白藜芦醇等酚类化合物的作用。

据统计，美国的绝经妇女中有75%的乳腺癌病例的发病原因与体内雌激素水平偏高有关，因此激素抑制疗法已经受到越来越多的重视。所以科学地饮用红葡萄酒，不失为预防妇女乳腺癌的好方法。美国国家老龄问题研究专家德卡博和哈佛大学医学院研究员辛克莱的研究结果都证明："白藜芦醇可以增强老鼠和哺乳动物的健康，可以消除高热量饮食对实验鼠的副作用，这项研究史无前例，这也有助于解释，适量饮用红葡萄酒有益于降低心脏病发病率。

（4）防治心脑血管疾病

人体内到处都有氧基（自由基）存在，它是破坏细胞的进攻性物质。科学家研究发现，受氧基攻击的细胞膜一旦受损，致癌物质便会轻易地长驱直入细胞内，攻击细胞核，诱发氧化连锁反应，造成DNA（脱氧核糖核酸）损伤，使细胞变异，增加了癌变的危险。

引发动脉粥样硬化的"始作俑者"也被认为是自由基，人如过量食用肥甘之品，血液中的"坏"胆固醇——低密度脂蛋白就会升高，一旦在动脉内皮细胞、血管平滑肌被自由基氧化成氧化型低密度脂蛋白，便被血液中负责清除异物的巨噬细胞吞噬，变成黏糊糊的"泡沫细胞"黏附于血管壁上，形成脂纹、脂斑块，进而使光滑的管腔变得粗糙、狭窄、变硬。若粥样斑块一旦破裂或脱落，就会引起血液中的血小板"奋不顾身"地前来黏堵，这样就有可能阻断心脑血管的"供血命脉"，引发凶险的急性心肌梗死或脑梗死。但是科学研究发现，可以通过中和这些氧基来阻断这一过程。实验证明，这个任务恰恰是多酚类芳香化合物及适量酒精所能做到的：多酚类化合物可与低密度脂蛋白（LDL）直接结合，形成非常稳定的化合物，不可能再与氧基结合了。此外多酚类物质还能稳定构成动脉血管壁中各种膜的胶原纤维，抑制组胺酸酶的活性，避免产生过多的能降低管壁透明性的组胺，从而加强防止动脉硬化的效果。所以说，要想阻断自由基—氧化低密度脂蛋白—形成"泡沫细胞"—致使动脉粥样硬化这一过程，坚持饮用适量红葡萄酒是最好的预防方法之一。不仅如此，还可以预防中风和减少中风后对人体神经系统的损害，多酚类化合物还可以抑制血小板的凝集，防止血栓形成。

虽然白酒也有抗血小板凝集作用，但几小时之后会出现“反跳”，使血小板凝集比饮酒前更加亢进，而饮用红葡萄酒则无反跳现象，在饮酒18小时之后仍能持续地抑制血小板凝集，可使血小板黏度下降40%。据英国医学研究委员会报告：他们在1999年考察的十几个国家中，法国和意大利每年人均消费红葡萄酒量为70.8升和73.4升，心血管病致死率的比例只占2%~3%；而喝葡萄酒较少的芬兰人和美国人，患心血管病致死率的比例却高达9.5%~10.2%，高出3~4倍。美国医学杂志《柳叶刀》统计有关18个国家55~65岁男子死亡率与葡萄酒的关系后指出，法国、瑞士、意大利等国家人均饮用葡萄酒的量比其它国家多，心脏病死亡率明显低于其它国家，这些国家心脏病的发病率降低75%，患感冒的几率减少5%左右。葡萄酒在预防风湿病、糖尿病、阿尔茨海默氏病（老年性痴呆症）等疾病方面都起到很好的作用。

（5）帮助消化吸收，促进新陈代谢

进餐时饮用红葡萄酒，能促进胃液分泌，因红葡萄酒酸度接近胃酸，是佐餐佳品，中医认为有开胃健脾之功效。在胃中有60~100克红葡萄酒，可以使正常胃液的产量提高120毫升，（包括1克游离盐酸）有利于蛋白质的消化和吸收。适量常喝红葡萄酒，对慢性胃炎等胃部疾患有一定好处。笔者的亲身经历供大家参考：2004年经胃镜检查确诊为“胃窦部糜烂性胃炎和十二指肠球炎伴糜烂”，临床症状明显，自我感觉胃部不舒服，有时隐痛等，经药物治疗有好转。以后每年请同一位主任医师检查胃镜一次，逐年有好转迹象，服药也减少或间断服些药物，后来基本不服药也没有不适的感觉，2008年10月经复查胃镜结论为“胃窦部浅表性胃炎”。从广泛糜烂性胃窦部及十二指肠球部炎症，好转为胃窦部浅表性胃炎，个人认为除前期（4年前）的药物治疗作用外，多年来坚持每天就餐时饮用自制红葡萄酒2~4两起着不可替代的作用，“红酒”功不可没。当然良好的心态、合理的饮食、适当的活动、定期复查是起主要作用的。

医学专家认为，红葡萄酒中含有酒石酸钾和硫酸钾，有利尿作用，可增强肾脏排泄功能，冲走更多废物和毒素，减少肾结石的发病率至少40%，还能促进肝脏新陈代谢，更好地发挥解毒功能；酒中的化合物及某些微量元素，可促进骨细胞的活动，减少骨质疏松的风险。红葡萄酒中含有多种维生素，维生素B_{12}能促进红细胞成熟，有很好的补血功效，能防治末梢神经炎；硫氨素能预防脚气病，促进新陈代谢，防治神经炎；核黄素能促细胞氧化还原作用，促进细胞生长，治疗口腔溃疡；尼克酸能维持皮肤和神经的健康，防止糙皮病；维生素B_6对蛋白质的代谢很重要，能促进细胞生长，辅助治疗湿疹和癫痫病等；叶酸能刺激红细胞再生及白细胞和血小板的生成，有补血作用；维生素C不但可以增强机体免疫功能，还有利于伤口愈合，防止脱发，增加食欲，促进肠道消化和吸收的能力。

（6）预防老年性痴呆症

人体内脑细胞是固定的，其数量在25岁时达到最大值，以后便会逐渐地因老化而减少，所以年龄越大就越健忘，这是身体机能随着年龄的增加而老化的现象。而当人老化到记忆力严重衰退时，表现为连自己吃没吃饭、自家电话号码都不知道等等。就是所谓“痴呆症”。痴呆症大致分为治愈型和非治愈型两大类，其中最可怕的是非治愈型的“阿茨海默氏症”，其症状是痴呆现象迅速加重，此病亦称为“失智症”。美国前总统里根患的就是这种病。

法国一个研究小组对3 727名65岁以上老年人的多年追踪调查结果表明，坚持

每天喝3~4杯（约200毫升）干红葡萄酒的人，老年性痴呆症的发病率为滴酒不沾人的1/5~1/4。所以说，喝红葡萄酒可有效地预防和治疗老年性痴呆症。2008年11月15日中央电视台也报道过有关内容。

对于由动脉硬化导致脑中风后出现的痴呆症，坚持饮用红葡萄酒可通过防止动脉粥样硬化而达到预防的目的。中医学论述，葡萄酒可以起到舒畅情绪、气机和利、疏肝解闷的作用。葡萄酒味辛甘性温，辛能散能行，对寒湿凝滞痛经症，可以散寒祛湿，活血通经；甘温能补能缓，对气血虚弱而致的痛经又能起到温阳补血、缓急止痛的效果。

（7）葡萄酒解除“应激”

越来越多的研究和证据表明，“应激”（stress）是危害现代人类健康的祸根。“应激”是心理学和生理学名词，是指任何可以扰乱机体功能的紧张因素和干扰因素。物理应激如冷、热、噪声等可引起人体的各种生物学反应；心理应激如挫折、剥夺、冲突等可引起心理防御反应。多数情况下，以上两种类型的应激可同时存在。应激可导致多种行为模式，其中一种称为A型行为模式，其特点是缺乏耐心，总感时间紧迫，拼命地竞争，心中只想到职业以及有关的期限要求。有报告说，这种行为模式的人为冠心病高发人群。更有研究证实，应激是导致人体内产生氧自由基的主要原因。

人应付“应激”的能力曾是心－身医学的重要研究课题。一个人能否成功地控制其应激情绪，对其心理和生理健康都有深刻的影响。近年的研究发现，经常性适量饮酒，尤其是长期适量饮用红葡萄酒，是解除应激的一种行之有效的办法。有报告认为，饮酒能使与应激相呼应而生成的儿茶酚胺的生成量减少，从而可以从应激状态中释放出来。因为应激是人体氧自由基增加的最大原因，所以通过适量饮酒来抑制和解除应激，从而使人保持身心健康。

传统医学告诉我们，酒有提神补气、舒筋活血的功效，尤其是老年人精力衰疲，适度饮酒可加速血循环，促进新陈代谢，增加消化力和免疫力，起到延年益寿的作用。最新科学研究认为，饮酒特别是饮用红葡萄酒的一个很重要的保健效果在于解除应激。

在各类饮料酒中，葡萄酒的颜色是最为绚丽多彩的。不同的葡萄酒展示出红、石榴红、玫瑰红、宝石红、紫红、黄、淡黄、绿黄、金黄等不同的颜色，赏心悦目。把葡萄酒倒入与之相应的雅致的酒杯中，因酒种的不同而散发出醇香、果香、花香、玫瑰香、麝香等香气。此后，在饮葡萄酒时，舌与口内的各种味觉细胞受到刺激感应而使人处于舒适、欢快的状态中。这是一种精神平衡状态，可以平息焦虑的心情，其实这一作用由于感觉反射，在饮用之初就已经开始了，从而有效地抑制或解除应激。这也就是人们常说的“饮酒解闷”吧。

（8）抗衰、美容、养颜

诗经中著有“为此春酒，以介眉寿”的诗句。

① 延缓衰老　人体跟金属一样，在大自然中逐渐“氧化”。金属氧化是铁生黄锈、铜生绿锈，人体氧化的罪魁祸首不是氧气，而是自由基，是一种细胞核外含不成对电子的活性基团。这种不成对的电子很容易引起化学反应，损害DNA（脱氧核糖核酸）、蛋白质和脂质（如LDL）等重要的生物分子，进而影响细胞膜转运过程，使各组织器官的功能受损，促进机体老化。红葡萄及其酒中含有较多的抗氧化剂——酚类化合物、逆转醇、维生素、微量元素等，这些物质能有效地消除和对抗自由基，具有明显的抗衰老功用。据调查统计，生活在盛产葡萄区域的人们，由于吃葡萄或喝葡萄酒的机会较多，所以在葡萄园工作生活的农民，平均寿命达90岁以上。法国人男性平均寿命75.5岁，女性83岁，在欧洲首屈一指。吉尼斯纪录大全确认的世界上年龄最大的男性老人安东尼奥托德，每天喝一杯红葡萄酒，谢世时112岁。所以，法国人喝葡萄酒的习惯长盛不衰，活到老喝到老，除了嗜好因素外，主要就是为了延年益寿。

② 美容养颜　自古以来，红葡萄酒作为美容养颜的最佳饮品，备受人们喜爱。有人说法国女子皮肤细腻、润泽而富于弹性，与经常饮用红葡萄酒有关。防衰抗老，就包括延缓皮肤的衰老，使皮肤少生皱纹，减少色素沉着（老年斑）。红葡萄酒除饮用外，还可用于搽抹面部及体表，因低浓度的果酸有抗皱洁肤作用。常用方法是，大约在一两（50毫升）红葡萄酒中加入2~3滴蜂蜜混合，每天代替化妆品使用，既经济又实惠，护肤和保健作用绝不亚于昂贵的化妆品，完全可以帮助您减少色素斑或推迟色素斑的发生和发展，减少皮肤皱纹，使皮肤逐渐细腻而光滑。关键是您必须坚持饮酒和外搽并举，贵在坚持，必有收获。

在《古今图书集成》内记载：“葡萄酒中肌醇可治胃阴不足，纳食不佳，肌肤粗糙，容颜无华”，说明红葡萄酒可恢复疲劳，改善血液循环特别是微循环，防止皮肤老化起皱，有很好的

美容作用。

长期以来，人们一直相信维生素E和维生素C是抗氧化防衰老的最好的两种物质，可是在葡萄皮和葡萄籽中含有的多酚类化合物，其抗衰老的能力是维生素E的50倍、维生素C的25倍。法国保健美容专家托马斯女士研究用葡萄籽油、蜂蜜、红葡萄酒和天然植物精华等掺在一起加工成润肤品，涂在全身体表或脸部，由专业人员搓摩两小时以上，有病治病，无病防病，可达到美容、美体、健身之功效，能够疏通脉络，扩张血管，改善微循环，滋润皮肤，预防色素沉着，保护皮肤健美。

如今法国人又兴起“葡萄酒浴”，就是在大木桶或浴缸里注入相应数量的葡萄酒，人们可以先洗个普通温水澡，之后把身体浸泡于葡萄酒中，数分钟后用双手轻轻搓摩全身皮肤，或由专业人员服务，直到搓得周身皮肤微微发热，这时全身就会有一种轻松又舒服的感觉，可促进外周血液循环和新陈代谢，滋养皮肤，消除色素斑，有利身心健康，具有特别的保健功能。不久的将来，随着保健专业的发展和生活水平的提高，我国也会很快兴起这些保健事业的。

健康因素让葡萄酒风靡全球！

六、家庭如何酿制红葡萄酒

自家酿酒，听起来好像不太可能：既不懂酿酒的原理，也不会酿酒的基本操作技术，又没有设备，谈何容易？笔者多年的实践证明，其实这并不难，设备也简单，看了这本书及图解或随书附赠的DVD光盘，家家都能做，而且一定可以酿制出美味可口、营养丰富、酒香醇厚、价廉物美的保健好酒来。

我国大江南北、长白山麓、新疆地区、海南宝岛等几乎遍布祖国各地，都种植可用于食用和酿酒的优质葡萄，每到收获季节有很多品种的葡萄上市出售，如果能从葡萄园直接购买到成熟的新鲜紫红葡萄则效果更好。酿4千克葡萄酒约需5千克葡萄和1千克白糖。也就是说，每500克新鲜葡萄加100克白糖，可以酿制出400克酒，其成本只需花2元左右，从经济上看也是十分合算的，可谓经济实惠，喝了放心。

现将多年来酿制红葡萄酒的实践经验、操作程序、注意事项详细介绍于后。

1. 准备工作

（1）器具

发酵容器如桶、缸、罐、瓶等器具必须是玻璃、陶瓷、纯不锈钢制品，如果有橡皮木桶就更好了。塑料、铁、铝、铜及其它木材制的容器均不可使用。另外还需配置透明胶管、漏斗、漏勺、纱布等。

相对密度计（比重计）、pH试纸、多功能灭菌消毒机、小型压榨机等为非必备器材，如有更好，没有也不影响酿酒的质量，根据条件能办就办。

橡木桶酿酒最好，但代价太高。所用玻璃或陶瓷容器必须是优质的，因为发酵时产生大量气体，劣质的玻璃会爆裂损坏而造成损失。凡是盛过酸、碱溶液或其它化学试剂的陶瓷器具均不宜使用，腌过咸菜的缸罐最好不要用，因为葡萄酒与不良容器或酸碱残留物接触后，不但影响发酵，而且酒会变色变味。使用铅、锌、铝、铜、铁、塑料等容器则会损害人体健康。

在准备酿酒的前几天，所有器具必须做好清洗消毒工作。方法有沸水烫、高温烘烤、75%酒精擦洗、日光晒2小时以上。最简便而实惠的方法就将器具清洗干净，流水冲洗后放阳光下晒2小时以上，这样即可达到清洁消毒的目的。

（2）葡萄

酿酒的原料主要是葡萄。要注意挑选呈浓郁的紫红（黑）色、完全成熟、果粒丰润饱满、整串果粒大小相对匀称、果粒紧连在梗上的葡萄，不要用果粒凋萎变软、梗色变褐或掉粒的葡萄，因为掉粒无梗的或破裂的葡萄已受细菌、霉菌的侵害而变质，用变质的葡萄做出来的酒既不好喝又对人体健康不利，失去了保健品的意义。

葡萄外皮上有一层浓浓的白色果粉，果粉愈多愈好，因为果粉里含葡萄本身固有的自然酵母菌，对酿酒发酵起着重要的不可替代的作用。果粉多的葡萄相对来说含糖量也高，浆汁也比较丰富。还要注意剔除青果、病果及腐烂果。

葡萄颜色有多种，其中紫红（黑）色的酿出酒颜色有玫瑰红、宝石红、紫红、桃红、淡红等，非常美观，十分漂亮。因此，必须选择紫红色而又完全成熟的葡萄做酿酒原料，深紫红色或紫黑色的就更加理想了。

葡萄可以手工清洗，也可以借助仪器清洗。

① 手工清洗法　把葡萄放入容器中，加水淹没葡萄，不断晃动容器，使葡萄轻微震动，互相轻微撞击摩擦20分钟左右，再用清水漂洗或流水冲洗即可。民间常在水中加入少许干面粉清洗葡萄，因为面粉可以起到吸附葡萄外层上污物的作用。

② 仪器清洗法　市面上有售的多功能灭菌消毒机是利用臭氧（O_3）作用达到高度杀菌、解毒、保鲜、除霉、除氯、净化等多种效果，使用这种仪器可完全达到葡萄灭菌、解毒和除氯、去除残留农药的目的，是目前家庭肉类、蔬菜、水果等洗涤、消毒、灭菌较好的科学清洗方法，使用也十分方便。这种仪器小巧玲珑，耗电量只有10瓦（图2）。

2. 操作步骤

酿制葡萄酒的简要流程：

葡萄→清洗→晾干→去梗→加糖→破碎→混匀→装瓶（发酵容器）→发酵→（排气）→收获→葡萄酒

①清洗晾干　按前面介绍的方法将葡萄洗净后平摊在竹帘或其它器具上晾干，称量并记录重量。

②去除果梗　因为葡萄果梗里的鞣酸含量较多，所以果粒破碎前必须把葡萄果粒不带梗地从果穗上摘下，放入适当的容器中。

③常规加糖　根据多年实践经验，一般较好的紫红色葡萄（如巨峰、龙眼等）加入白砂糖的比例是20%，也就是每10斤葡萄加2斤糖。酿出来的酒精度在13~16度，酒质很好，酒香醇厚，酸甜可口，市面上所售的各类葡萄酒都比不上我们自酿的酒口感好，韵味佳。尝了就知道，喝了还想喝。

④破碎混匀　将葡萄果粒和糖混合，同时用手或其它工具破碎葡萄果粒，使其充分混匀，待白糖完全溶化即可装瓶（缸、桶）发酵。

⑤装桶发酵　将破碎后葡萄与糖的混合物装入已准备好的容器里，装入的量只能是该容器的75%左右（图10），上部的空间供发酵产生大量的气体的需要，否则发酵后气体及膨胀的浆液会溢出容器外。容器加盖或用薄膜封口，开始不要十分密封，等到发酵高峰（7~10天）过去后，再将容器密封加盖，主要是为卫生、保温，不让芳香的酒味外溢，以提高酒的品质。有的地方用敞开式发酵，便于发酵中产生的二氧化碳气体排出，这种方法不卫生、不科学，容易污染，现已不被采用。至于二氧化碳气体的排放，可以采取定时开启排出法，将在后面介绍。

⑥观察温度　家庭酿酒的最佳季节是在8~9月份，一是葡萄成熟上市，二是气温适宜。我们知道，酿酒最佳室温是25~30℃，过高或过低都会影响结果，每年8月下旬到9月下旬，在江苏一带为最佳酿制葡萄酒的时机。自然环境温度比人工加温效果好，既省事酒质又好。最好每天把室内温度记录下来，以便总结经验。

⑦ 定时排气　开始发酵即会产生大量二氧化碳气体，必须每天打开一次（必要时可以两次），用漏勺将上层的葡萄皮翻搅一下，让气体排出，3~5分钟即可，然后再封起来。不要十分密封。7~10天后产气会逐渐减少，随之产生大量的芳香酒味，满屋飘香，醇香味扑鼻，真让人心情舒畅。如果您发酵的容器是大口白色玻璃瓶（建议您最好要用一只大口白色玻璃瓶），则在开始发酵24~48小时或稍长一点时间内，可以观察到玻璃瓶内的葡萄汁液体上下翻动，犹如"翻江倒海"、十分壮观。大约数小时（或更长一点时间）即消失。8天后即转入较缓和的发酵期，这时可以把容器口密封、盖好，让其继续后期发酵。

⑧ 收获美酒　收获葡萄酒最佳时间是35天左右。具体收酒的方法如下：

虹吸法：将透明胶管插入酿酒容器距离底部5~6厘米处，也可将透明胶管用线或皮筋捆扎在一竹棒上插入，让胶管端部同样距离瓶底5~6厘米，用嘴或吸球把酒液吸出移到另一容器中（图16）。将酒液在室温下保存，自然地让其继续轻微发酵。

直接法：就是直接用漏勺轻轻地把浮在上层的皮渣取出，然后用勺子将中层的酒液取出，下层的沉渣待其自然沉淀后，再取其上清部分，取出的酒液混浊，待搁置半个月后即沉淀而清晰透明，再将酒液移至另一容器中。这就是前面已经介绍的"倒桶（瓶）法"。

3．发酵过程及处理方法

发酵是酿制葡萄酒最关键的一道工序，发酵好坏决定酿酒的成败。发酵可分为前期发酵、中期发酵和后期发酵三个阶段。这三个阶段既有连续性，又有不同的处理方法，现分述如下。

（1）前期发酵

前期发酵又称主发酵，是葡萄糖、果糖和蔗糖经发酵转化为酒精的关键期，大约为10天。第三天至第七天是发酵最高潮，发酵的程度十分猛烈，产生大量二氧化碳气体。破碎的葡萄与糖的混合物（以下简称"混合物"）在发酵桶内因发酵而产生一定热量，桶内混合物的温度高于室内环境温度5℃以上。详见表5。

表5 发酵桶内温度随时间的变化（℃）

发酵天数	室内温度	发酵桶内温度	温差
1	29	29.5	+0.5
2	28	30	+2
3	28	31	+3
4	29	32	+3
5	28	33	+5
6	28	32.5	+4.5
7	27	31	+4
8	27	29	+2
9	27	28	+1
10	27.5	28.5	+1
20	27	28	+1

由表可见，发酵高峰值是在开始酿酒的第五天，如果环境温度在30℃以上，发酵桶内温度可高于室内环境温度7~8℃。这时必须每天2次打开容器排气、散热、降温，如果桶内温度超过32℃，就应敞开桶口，搅拌或短时间用电风扇吹使之降温。如果桶内温度较长时间过高，会对酵母菌的生长繁殖及酒质产生不良影响，所以发酵高峰期要严密观察，及时处理，以保酿酒成功。开始发酵后几天即出现分层，如用玻璃容器可以看出分为三层，葡萄皮因比重轻浮在上层，粉红色溶液在中层占大部分，下层为少量的沉渣及果核（图15）。这时室内嗅到浓郁而清新的醇香味，给人以舒服的感觉。

前期发酵需每天打开一次（必要时两次）桶口，用漏勺把上层果皮翻一下并按至液面以下，让果皮浸入液体中得到充分发酵，同时排出CO_2气体，然后把发酵桶盖好，记录室内温度。为了将葡萄皮完全浸入葡萄汁液中得到充分发酵，使其中营养成分进入酒液中，可以用木板

（橡木最好）制作一块圆形的上面有通气孔的“压块”放在发酵桶内混合物上面。“压块”可以自制：取一块比发酵桶口径略小2厘米的硬木圆板，厚度3~4厘米，板上面每隔5~6厘米钻一个洞，放置于混合物上即可。每日一次将“压块”压沉至液面以下。这样能使果皮全部浸入液体中，同时上下活动能打开液面上由葡萄皮叠加而形成的覆盖层，排出CO_2气体。如果没有“压块”，可以在每次翻搅葡萄皮之后，用筷子在葡萄皮覆盖层上面均匀地戳若干小孔（图12），以便酒液中的CO_2气体排出。发酵过程除严密观察记录温度、及时排气外，如有比重计最好在开始发酵后每隔几天测一次，并记录下来。表6为笔者实践中记录的数据，供参考。

表6　全葡萄酿酒发酵期相对密度变化

发酵天数	相对密度计读数	发酵天数	相对密度计读数
1	1.136	20	1.008
3	1.072	25	1.000
5	1.045	30	0.990
10	1.015	35	0.987
15	1.010		

笔者酿制红葡萄酒系将全葡萄破碎后加糖混合发酵而成的。用相对密度计测量密度的变化，可以掌握和了解含糖量，并监测发酵情况及发酵程度。根据表6可知，在发酵20天时相对密度达1.008，发酵初步完成；再经过15天的后期微发酵，其相对密度在1.000~0.987之间时，发酵全部完成，即可收获葡萄酒（详细请见图解部分）。

（2）中期发酵

从第11天至20天为中期发酵过程，此时进入发酵缓慢期，产生的CO_2气体也明显减少，不需要每天打开排气，应尽量少开启，根据温度情况每2~3天打开排气一次，以保障发酵过程中生成的酒精和醇香味不散失，增强酒的品质。这时分层已十分清楚，中层宝石红色的酒液已清晰可见；上层的果皮已退去原有紫红色而呈淡黄白色，紫红色素成分完全沉浸于葡萄酒液中。实践观察证明：环境温度高则酒色深，呈宝石红色或玫瑰红色，十分美观；环境温度低则酒色浅（淡），呈淡红色或深黄微红色。

（3）后期发酵

发酵第三周之后的一段时间为后期发酵过程，又称为次发酵。该阶段发酵轻微。如果环境温度较高，可能会延长次发酵时间，产生微量气体。正常在35天左右，之后即可收获葡萄酒，并可以直接饮用品尝您自己的劳动成果。收获的酒装入容器贮存，使之陈酿2~3个月，则酒质会更纯熟，口感更好，酒的外观更美。

4．葡萄酒的贮藏

葡萄果实中固有的鞣酸是使酒有个性和便于保存的一个重要因素。收获后经多次倒桶（瓶），待酒液基本澄清再贮存。自酿葡萄酒与一般蒸馏酒不同，装瓶之后酒中的原料微粒以及酵母还会发生变化，使酒逐渐成熟、老化，继而衰老变质。不同的贮存条件对酒的成熟、老化有抑制或促进作用，因此选择最佳的贮存方式和贮存时间，对酒的品质极为重要。

① 温度　存放葡萄酒的地方，环境温度要基本稳定在15~18℃之间，这个温度可让酒缓慢而稳定地发展。如果不能保持相对稳定的温度或温差变化大，葡萄酒很快就会衰老，酒的品质会逐渐下降，而且会产生轻微混浊现象。一般家庭酿制的葡萄酒从当年8月中下旬开始做，1个多月后就可以得到新酿出的酒，一直到下一年秋天又接上新做的葡萄酒，即使剩余，也不会太多，如有些混浊不清，也可照常饮用，没有任何影响。如果自酿的酒比较多，就要考虑贮藏条件了。贮存在10℃左右最佳。

② 湿度　环境湿度要求保持在50%~75%之间，酒瓶要平放在安静的地方。

③ 光　为了避免光对葡萄酒的影响，损害酒液中的有效物质如酚类化合物、氨基酸、维生素等，葡萄酒应装入棕色玻璃瓶或其它能避光的容器中，如果是白色玻璃瓶，可以在瓶外罩上一层黑色塑料袋或黑布，以避光线射入，因为红葡萄酒在阳光直接照射下30分钟就会变质而失去绝大部分营养物质。

④ 容器　贮存葡萄酒最好用棕色玻璃瓶或陶瓷质的容器，纯不锈钢容器亦可用，但一定要密封。绝对不能用塑料制品或其它金属制品，因为酒精是有机溶剂，可以溶解一些化学物质和微量元素等，所以酿酒和装酒的容器必须十分讲究。

⑤ 倒桶（瓶）　在前已叙述关于倒桶的技术和作用。倒桶是为了分离沉淀物，以提高葡萄酒的品质，延长酒的生命。倒桶后要尽量将盛酒的容器装满，距离容器口最好在5~6厘米，以减少空气对酒的影响（避免污染）。操作中尽量让酒少接触空气。

⑥ 埋藏　就是把当年酿制酒经倒桶基本澄清后装入较好的容器（如老式酒坛子或优质玻璃瓶），密封好，埋藏在阴凉背光的地方，翌年或更长时间以后取出来饮用，可以提高酒的品位，使酒质更好、品位更高、酒味更香、醇味更美。如果把酒包装好，贮藏在人工地（酒）窖里，也是非常适宜的贮存方法。把成熟的葡萄酒贮存在4~8℃的冰箱内也非常好，不但可以较长期地保持酒的品质，而且可以加速葡萄酒内酒石酸结晶，降低葡萄酒酸度，同时又能提高葡萄酒的口感。放与不放冰箱，酒的口感有明显不同，您不妨亲身体验一下。

⑦ 防腐　葡萄酒可以加二氧化硫（SO_2）防腐。按国家标准可在酒中加0.25克/升SO_2，一般加0.1克/升就可以了。二氧化硫与葡萄酒中的游离氧结合，保护葡萄酒不被氧化，以达到保存的目的。

葡萄酒并非越陈越好，也并非越新越好，根据原料、技术等条件的不同而不同。如法国生产的红葡萄酒的质量寿命可达30年以上，而有的酒只有3~5年甚至2~3年。质量寿命是描述葡萄酒的品质在其生命周期中不断变化，随着贮藏时间增加逐渐达到最佳点，然后开始降低直到衰败的过程的指标。葡萄酒质量寿命的长短取决于多种因素，如葡萄品种及生长周期、采摘时间、土壤、果实品质、酿酒技术、贮藏方法等等。我们家庭自酿的红葡萄酒价廉物美，大众化，其质量寿命和如何贮藏方法才能达到最佳点，愿与广大读者和自酿酒爱好者共同探讨。

5．酒糟的利用

葡萄酒经收获后余下的半固体成分——酒糟中还含有许多有效的营养成分，弃之可惜，不能浪费。为了充分利用，可将酒糟进行再发酵。处理方法如下：

① 酒糟再发酵　也就是二次发酵。根据酒糟的多少，加入适量的糖和温开水。比如原来10千克葡萄酿酒后剩余的酒糟，可以加入事先用开水溶解好的糖水2升左右（每1升加白糖200克左右），混匀后装入发酵容器使其继续发酵，一般室温在23~32℃均可。1个月左右即可完成，延长时间收获也无碍。如天气凉室温低，可适当保温，也可以加入适量的酵母（如市售的甜酒药）促进发酵。

② 收获　直接取出酒糟，装入纱布袋（或尼绒布袋），用手工或其它工具挤压出酒液。或用一种简便方法，就是在原发酵桶（或缸）中间扒一个坑，把酒糟向四周（或一侧）挤压，酒液渗入中间小坑中，用小勺取酒液。不过这样比较慢，要几天才能把酒糟中的酒取完，不如用布袋挤压取酒既好又快。如果有条件，用压榨机更好。

经再发酵酿制的酒呈淡黄色，酒味也较浓，但不甜（如果要甜可多加点糖），口感也差，可用来代替黄酒烧菜，或按1：1的比例加入第一轮酿制的酒混合饮用，也是非常适宜的。物尽其用、节约实惠，我们给它取一个通俗的名字叫“二锅头”，许多爱好酿酒的朋友也习惯地采用了这个名字，也有人说可以叫它“葡萄二曲”。这样既保健又休闲的酿酒活动真有意思。

R SS 03
R SS 01
R SS 00
FRANCE

七、科学饮用红葡萄酒

在一般人的观念里，生活的享乐总是和身体健康背道而驰的，红葡萄酒却向我们证明了只要不过度饮用，享乐和健康是可以兼得的，能够在享受美味之余吃出健康，吃出生活的艺术。

葡萄酒文化是我国酒文化的重要组成部分。我国幅员辽阔，资源丰富，自然条件各有不同，气候环境也有较大差别。受气候条件的影响，每年所酿造的葡萄酒具有不同的风味，虽然年份有好坏之分，但是每个年份都有各自的特色，或均衡、或丰满、或清爽、或强劲结实，都是大自然的赐予。葡萄酒的世界变化多端，适合佐餐的就是好的葡萄酒。香味浓重，口感浓厚、丰满的葡萄酒已经日渐成为葡萄酒的主流风格。

均衡的口感结构是一瓶精彩葡萄酒的必要条件，再浓厚的酒都必须维持一定的均衡才有贮存的潜力，才得以与食物联结搭配，才真能展露葡萄酒最迷人的细致变化，而且，也才能让我们喝完一杯之后不会觉得平淡无味或浓腻，还想再喝上一杯。

葡萄酒最珍贵难得的地方，在于它不仅是一种饮料，而且同时可以是融合着自然与人文的文化资产，除了提供美好的感官享受，还常蕴涵着更多只能用味觉与嗅觉探索的精彩内容，特别是酒的风味中，常传递着原产地的风土特色和灵魂。千变万化的香气是葡萄酒最迷人的部分之一，葡萄酒珍贵，特别是自己亲手制作的，自然的葡萄香气和醇味的融合，品尝如此滋味，可算人生一大享受。

葡萄酒和大多数食物不一样，它不经过预先消化就可以被胃肠直接吸收。在合理饮用范围内，葡萄酒能直接对周围神经系统发生作用，从而提高肌肉的紧张度。也可对神经中枢起作用，给人以舒适、欢快的感觉。这种精神平衡状态，使我们的思维更为敏捷，判断更为准确，精神十分愉快。

虽然饮用红葡萄酒的好处非常多，然而也有量的限制。专家认为：饮用红葡萄酒，按酒精含量12%计算，每天的量以200毫升为适宜，不要超过250毫升，否则会危害健康。笔者多年来一直遵循在中餐和晚餐时饮用，给身体健康带来极大的收益。

八、自酿红葡萄酒加糖的依据和计算方法

1. 加糖的依据

家庭酿制葡萄酒时要考虑尽量提高前期发酵原酒的酒精含量，以免不良现象发生。由于酵母活性的限制，家庭发酵的葡萄酒只能达到12~13度的酒精度，而要达到这一酒精度水平，葡萄原汁的含糖量必须达到22度，事实上市场销售的葡萄大部分达不到这个水平，一般均在14~17度。如果含糖量低于22度，就必须补加糖进行发酵。

每升全葡萄汁中含糖量增加17克左右时，经发酵后可增加1度酒精度。要使酿制出的葡萄原酒的酒精含量达到13度左右，则每升中需糖13×17克＝221克，这一数值相当于全葡萄汁中含糖量为22度。

2. 常规加糖量的计算方法

家庭酿制葡萄酒，一般不可能使用仪器来测定葡萄汁的含糖量。笔者凭多年经验觉得，凡吃葡萄时感到甜味尚可，一般含糖量在14度左右；以手捏破葡萄，沾汁的手指稍干后感到黏手的，葡萄含糖量在17度左右，这些情况都需要加糖。

计算公式如下：

$$1升葡萄汁加糖量=221-葡萄汁原含糖量\times 1000$$

例：设葡萄汁含糖14度（14克/100毫升），欲发酵后葡萄原酒的酒精度为13度，应在发酵前加糖多少克?

$$1升葡萄汁加糖量=221-\frac{14}{100}\times 1000=81(克)$$

也就是含糖14度的葡萄汁1升加81克白糖后发酵，即可获得含酒精13度（体积分数）的葡萄酒了。如果需要再提高酒精度，必须按比例加糖或采用下面介绍的“仪器测定加糖法”。

3．仪器测定加糖法

如果采用相对密度计测量葡萄原汁的相对密度，可测知葡萄原汁中的含糖量（克/升），再根据酿成酒后希望达到的酒精度，即可计算出需加多少糖。如表7所示。但一般家庭酿酒无须如此精密，按照前面所介绍的常规加糖法加糖就可以了，既方便又实用。

表7　希望达到的酒精度和所需加糖量的对应关系

相对密度计读数	不同酒精度所需加糖量(克/升)		
	10%	14%	18%
1.050	70	127	202
1.055	58	108	184
1.060	44	95	171
1.065	32	82	158
1.070	19	70	146
1.075	0	63	133
1.080	0	51	127
1.085	0	38	113
1.090	0	25	102
1.095	0	13	89
1.100	0	0	76
1.105	0	0	63
1.110	0	0	51
1.115	0	0	38
1.120	0	0	26
1.125	0	0	13
1.130	0	0	0

当然，欲达到高的酒精含量，也可以另外选择对酒精承受力较高的酵母。如果想酿制干型酒（干红），则应将相对密度调整至1.085~1.095之间；若酿制甜型酒，可以适当加些糖，待发酵结束后还会有一定的糖分残留于酒液中。实践证明，按常规加糖20%的量比较适中，酿出来葡萄酒的品质、口感都令人比较满意。

九、红葡萄酒调配

1.加食用酒精调配计算方法

自酿红葡萄酒经过一段时间贮存已臻成熟，是质量寿命的最佳时期，也是饮用的最好时机，一般都可直接饮用原酒。但自酿酒的酒精度不高，正常都在13~14度，有的人喝度数这么低的酒不过瘾，或为了较长期便于保存，可加入一定量的食用酒精，例如将酒精度调整到16度。添加酒精的计算公式如下：

$$\text{需加酒精量（升）}=\frac{\text{（调制后红酒酒精度}-\text{原酒精度）}\times\text{原酒容量（升）}}{\text{所用酒精度数}-\text{调制后红酒酒精度}}$$

例：今有13度的自酿红酒10升，欲调配成酒精度为16度时，需加96度的食用酒精多少升?

$$\frac{(16-13)\times 10}{96-16}=0.375\text{（升）}$$

就是说10升13度的自酿葡萄原酒，加96%的食用酒精375毫升，即可配制出16度的葡萄酒。

2.洋葱红葡萄酒的浸制方法及保健饮用

人所共知，红葡萄酒有活血养颜、预防心血管等疾病的功用，洋葱有降血脂、抗癌等作用，两者相加其保健防病作用更大，对睡眠也有帮助。近来媒体多方报道，饮用洋葱浸制红葡萄酒者反映很好，对健身防病、催眠有明显的作用，不失为民间良方，而且制作简单，成本低廉，效果虽因人而异，但有益无害。

（1）浸制方法

洋葱一个（150克左右），洗净后切成8个等份，装入玻璃瓶内，加上红葡萄酒400~500毫升，将瓶盖好、密封，放阴凉处避光放置2周即可食用。

（2）饮用方法

每次50毫升，每天2次，并将其中浸泡的洋葱片分次一起食用。

洋葱酒对以下症状有较好功效：

①膝盖疼痛、白内障、老年性痴呆；

②服了降压药而血压仍降不下来的高血压症；

③尿糖值降不下来的糖尿病；

④眼睛长期视物不清及慢性视力疲劳者；

⑤夜晚尿频症状；

⑥服安眠药也不能入睡的“不眠症状”；

⑦经常腹胀、非常痛苦的“便秘症”。

3. 配制果味甜酒

如果欲配成甜葡萄酒或其它果汁味酒，则可以添加适量白糖或冰糖、蜂蜜或其它果汁液或干果粉。配制时先倒出少量葡萄酒来溶解糖或果粉，待溶解后再倒入欲配制的酒液中混匀即可。切不要用水来溶解糖或果粉，增加水分会降低葡萄酒的口感和质量，也不利于保存。

4. 红葡萄酒浸制新鲜水果

选择新鲜优质水果如葡萄、草莓、杨梅、枸杞等果粒，洗净晾干后直接浸泡于红酒中，过7~10天既可吃水果又可喝酒，不失为休闲保健的好食品。

5. 红酒豆腐果

把大块豆腐切成2厘米左右的小块，放入油锅里炸（煎）成金黄色，然后加入适量红葡萄酒于煎好的豆腐中，再加适量的盐、胡椒及糖，煮沸即可食用。

豆腐中含有的大豆异黄酮是天然的植物雌激素，具有类似雌激素的作用，可防止钙质从骨骼中流失，还可以预防癌症及女性骨质疏松症，并有延缓衰老的作用，又能补充人体易缺乏的镁。豆腐与红葡萄酒的结合，是天衣无缝的健康长寿食品。

家酿红葡萄酒操作程序图解

图1 选择葡萄

挑选颜色浓郁、鲜艳、成熟、颗粒丰满、大小匀称、整串的红色葡萄。

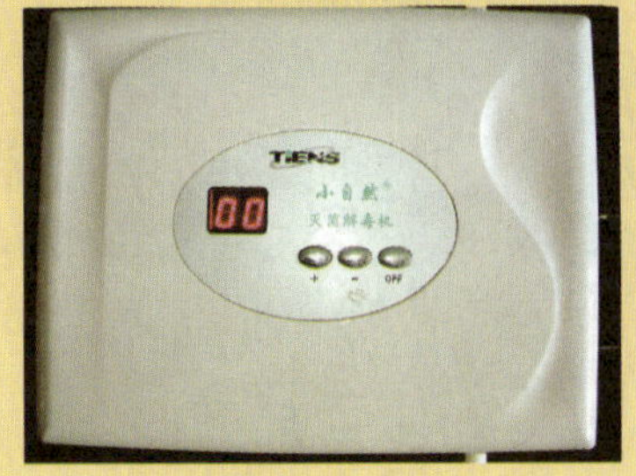

图2 清洗葡萄

将葡萄清洗干净，有条件的可用灭菌消毒机进行消毒。

图3　晾晒葡萄

清洗消毒后，将葡萄摊放在竹帘上，晾干水分，要求葡萄外表没有可见水分。

图4　去除果梗

将葡萄果粒从果梗上摘下，放入发酵桶中。

图5　常规加糖

在已去除果梗并称量过重量的葡萄中，按20%的比例加入食用白糖。

图6　破碎葡萄

用手将葡萄捏破。

图7 机碎葡萄

如果葡萄数量较多，也可用小型粉碎机将葡萄机碎，葡萄的皮和核全部被机碎，这样葡萄核和皮中的营养成分全部参与发酵，可以更进一步提高酒的品质。

图8 混匀

将破碎后的葡萄果汁液与白糖充分搅拌、混匀，使糖全部溶化。

图9　装桶

将混匀的葡萄汁和糖的混合液装入发酵桶，装入的量只能是容器的70%左右，封口、加盖，让其发酵。

图10　装瓶

使用大口优质玻璃瓶作为发酵容器来酿制葡萄酒，可以观察发酵的全过程。

图11　产气的处理

装桶（瓶）后，在适宜温度（28℃±2℃）条件下24小时即开始发酵，并产生大量CO_2气泡，这时必须每天打开桶盖搅拌一次，排除CO_2气体，同时把上层的葡萄皮搅拌至液面以下，让其得以充分发酵，然后封盖。7~10天后气泡已很少，无须每天排气。

图12　排气

用竹筷在葡萄皮层戳若干排气孔，以便CO_2气体排出。图中白色为排气孔中的CO_2气体。

图13　用相对密度计监测

有条件的可以使用相对密度计，从开始至结束分别检测酿酒各个阶段的相对密度数据，监测酿酒发酵全过程，测量葡萄汁含糖量和预估酒精含量，及时调整相关措施，保证酿酒成功。相对密度计一组14支。

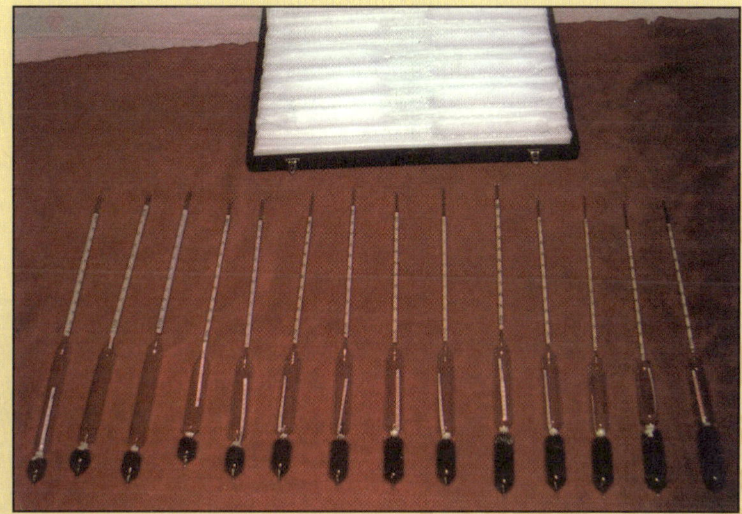

图14　观察记录数据

在检测葡萄汁或酒液的相对密度时，必须将相对密度计浮于液体中间，不能靠在量筒壁上。读数前用手轻轻转动一下密度计，待其稳定后再读取数字，并保持视线与液面平行，否则读出数字不够准确。

图15　待收获

发酵后，玻璃瓶中的液体层次分明，上层为果皮，中层为果酒，下层为果核及沉渣，清澈、美观。小图为桶内发酵后待收获的葡萄酒。

图16　虹吸法取酒

在适宜的环境温度下，经过5个星期，或当相对密度计读数至1.000左右时，即可用“虹吸法”将酒液移至另一容器中，进入微发酵过程。

图17　成熟的葡萄酒

经过一段时间的微发酵后，葡萄酒已经成熟，收获的酒每隔3~4个星期需倒桶一次，经2~3次倒桶，去除沉淀物，即是澄清美观的玫瑰红色葡萄酒。

图18　贮存葡萄酒

贮存葡萄酒最适环境温度为15℃左右，要避光、阴凉、通风。如果需要长期保存，应放在5~15℃的环境下，或埋藏在阴凉的地下，或存放在酒窖内，以提高葡萄酒的品质。

图19　酒糟再发酵

酿制红葡萄酒发酵基本结束，收获葡萄酒后，剩余的半固体成分——酒糟。加入适量糖水，进行再发酵。

图20　收获“二曲酒”

酒糟加糖水，在室温不低于25℃的环境下，经1个月左右的时间发酵后，即可收获其中酒液。

家酿红葡萄酒
酿酒口诀

美味葡萄打造营养神话，家酿私藏带您回归自然

最新鲜优质紫葡萄，连籽带皮一起酿制，营养达到“百分百”。纯天然葡萄经过传统专业加工，自然发酵，配制出真正原生态、纯天然红葡萄酒。不含任何添加剂及防腐剂，成本低廉，是绝对绿色环保的保健佳品。

洗净葡萄　去梗加糖

捏碎混匀　及时装缸

发酵五周　美酒可尝

保健佳品　价廉物美　简单易学　乐趣休闲

开始在家酿造
自己的葡萄酒吧